国家出版基金项目
NATIONAL PUBLICATION FOUNDATION

法国国家附件

Eurocode 4：
钢与混凝土组合结构设计

第1-1部分：一般规定和房屋建筑规定

NF EN 1994-1-1/NA

[法] 法国标准化协会（AFNOR）

欧洲结构设计标准译审委员会　**组织翻译**

杨 林　　**译**

张庭瑞　　**一审**

刘 宁　　**二审**

人民交通出版社股份有限公司

北 京

版 权 声 明

本标准由法国标准化协会(AFNOR)授权翻译。如对翻译内容有争议,以原法文版为准。人民交通出版社股份有限公司享有本标准在中国境内的专有翻译权、出版权并为本标准的独家发行商。未经人民交通出版社股份有限公司同意,任何单位、组织、个人不得以任何方式(包括但不限于以纸质、电子、互联网方式)对本标准进行全部或局部的复制、转载、出版或是变相出版、发行以及通过信息网络向公众传播。对于有上述行为者,人民交通出版社股份有限公司保留追究其法律责任的权利。

图书在版编目(CIP)数据

法国国家附件 Eurocode 4:钢与混凝土组合结构设计. 第1-1 部分：一般规定和房屋建筑规定 NF EN 1994-1-1/NA / 法国标准化协会(AFNOR)组织编写；杨林译. — 北京：人民交通出版社股份有限公司, 2019.11

ISBN 978-7-114-16180-3

Ⅰ.①法… Ⅱ.①法… ②杨… Ⅲ.①钢筋混凝土结构—结构设计—建筑规范—法国 Ⅳ.①TU375.04

中国版本图书馆 CIP 数据核字(2019)第 296624 号

著作权合同登记号：图字01-2019-7790

Faguo Guojia Fujian Eurocode 4：Gang yu Hunningtu Zuhe Jiegou Sheji Di 1-1 Bufen：Yiban Guiding he Fangwu Jianzhu Guiding

书　　名：**法国国家附件 Eurocode 4：钢与混凝土组合结构设计　第1-1 部分：一般规定和房屋建筑规定 NF EN 1994-1-1/NA**

著　　作：法国标准化协会(AFNOR)

译　　者：杨 林

责任编辑：钱 堃　屈闻聪

责任校对：刘 芹

责任印制：刘高彤

出版发行：人民交通出版社股份有限公司

地　　址：(100011)北京市朝阳区安定门外外馆斜街 3 号

网　　址：http://www.ccpress.com.cn

销售电话：(010)59757973

总 经 销：人民交通出版社股份有限公司发行部

经　　销：各地新华书店

印　　刷：北京虎彩文化传播有限公司

开　　本：880×1230　1/16

印　　张：1.5

字　　数：27 千

版　　次：2019 年 11 月　第 1 版

印　　次：2024 年 10 月　第 2 次印刷

书　　号：ISBN 978-7-114-16180-3

定　　价：30.00 元

(有印刷、装订质量问题的图书,由本公司负责调换)

出 版 说 明

包括本标准在内的欧洲结构设计标准(Eurocodes)及其英国附件、法国附件和配套设计指南的中文版,是2018年国家出版基金项目"欧洲结构设计标准翻译与比较研究出版工程(一期)"的成果。

在对欧洲结构设计标准及其相关文本组织翻译出版过程中,考虑到标准的特殊性、用户基础和应用程度,我们在力求翻译准确性的基础上,还遵循了一致性和有限性原则。在此,特就有关事项作如下说明:

1. 本标准中文版根据法国标准化协会(AFNOR)提供的法文版进行翻译,仅供参考之用,如有异议,请以原版为准。

2. 中文版的排版规则原则上遵照外文原版。

3. Eurocode(s)是个组合再造词。本标准及相关标准范围内,Eurocodes特指一系列共10部欧洲标准(EN 1990 ~ EN 1999),旨在为房屋建筑和构筑物及建筑产品的设计提供通用方法;Eurocode与某一数字连用时,特指EN 1990 ~ EN 1999中的某一部,例如,Eurocode 8指EN 1998结构抗震设计。经专家组研究,确定Eurocode(s)宜翻译为"欧洲结构设计标准",但为了表意明确并兼顾专业技术人员用语习惯,在正文翻译中保留Eurocode(s)不译。

4. 书中所有的插图、表格、公式的编排以及与正文的对应关系等与外文原版保持一致。

5. 书中所有的条款序号、括号、函数符号、单位等用法,如无明显错误,与外文原版保持一致。

6. 在不影响阅读的情况下书中涉及的插图均使用外文原版插图,仅对图中文字进行必要的翻译和处理;对部分影响使用的外文原版插图进行重绘。

7. 书中涉及的人名、地名、组织机构名称以及参考文献等均保留外文原文。

特别致谢

本标准的译审由以下单位和人员完成。中交第一公路勘察设计研究院有限公司的杨林承担了主译工作,中交第一公路勘察设计研究院有限公司的张庭瑞、刘宁承担了主审工作。他(她)们分别为本标准的翻译工作付出了大量精力。在此谨向上述单位和人员表示感谢!

欧洲结构设计标准译审委员会

欧洲结构设计标准译审委员会总体组

组　　长：余顺新(中交第二公路勘察设计研究院有限公司)

成　　员：(按姓氏笔画排序)

王敬烨(中国铁建国际集团有限公司)

车　轶(大连理工大学)

卢树盛[长江岩土工程总公司(武汉)]

吕大刚(哈尔滨工业大学)

任青阳(重庆交通大学)

刘　宁(中交第一公路勘察设计研究院有限公司)

宋　婕(中国建筑标准设计研究院)

李　顺(天津水泥工业设计研究院有限公司)

李亚东(西南交通大学)

李志明(中冶建筑研究总院有限公司)

李雪峰[上海市城市建设设计研究总院(集团)有限公司]

张　寒(中国建筑科学研究院有限公司)

张春华(中交第二公路勘察设计研究院有限公司)

狄　谨(重庆大学)

胡大琳(长安大学)

姚海冬(中国路桥工程有限责任公司)

徐晓明(航天建筑设计研究院有限公司)

郭　伟(中国建筑标准设计研究院)

郭余庆(中国天辰工程有限公司)

黄　侨(东南大学)

谢亚宁(中设设计集团股份有限公司)

秘　　书：李　喆(人民交通出版社股份有限公司)

卢俊丽(人民交通出版社股份有限公司)

FA149362

ISSN 0335-3931

NF EN 1994-1-1/NA

2007 年 4 月

法国标准

分类索引号：P 22-411-1/NA

ICS：91.010.30；91.080.10；91.080.40

法国国家附件
Eurocode 4：钢与混凝土组合结构设计
第 1-1 部分：一般规定和房屋建筑规定
NF EN 1994-1-1：2005

英文版名称：Eurocode 4—Design of composite steel and concrete structures—Part 1-1：General rules and rules for buildings—National Annex to NF EN 1994-1-1：2005—General rules and Rules for buildings

德文版名称：Eurocode 4—Bemessung und Konstruktion von Verbundtragwerken aus Stahl und Beton— Teil 1-1：Allgemeine Regeln und Regeln für den Hochbauten—National Anhang zu NF EN 1994-1-1： 2005—Allgemeine Regeln und Regeln für den Hochbauten

发布	法国标准化协会（AFNOR）主席于 2007 年 3 月 20 日决定，本国家附件于 2007 年 4 月 20 日生效。
相关内容	本国家附件发布之日，不存在相同主题的欧洲或国际文件。
提要	本国家附件补充了 2005 年 6 月发布的 NF EN 1994-1-1，NF EN 1994-1-1：2005 是 EN 1994-1-1：2004 在法国的适用版本。 本国家附件定义了 NF EN 1994-1-1：2005 在法国的适用条件，NF EN 1994-1-1：2005 引用了 EN 1994-1-1：2004 及其附录。
关键词	**国际技术术语**：建筑、土木工程、混凝土结构、钢结构、建筑用钢、钢筋混凝土、设计、计算、建造规定、计算规定、材料强度、耐久性、稳定性、应力分析、材料、梁、柱、横截面、裂缝、挠度、连接、建筑板、层板、施工条件、质量、位置、改道、抗弯强度、抗压强度、抗疲劳强度、试验、验算。
修订	
勘误	

法国标准化协会（AFNOR）出版发行—地址：11，rue Francis de Pressensé—邮编：93571 La Plaine Saint-Denis
电话：+ 33（0）1 41 62 80 00—传真：+ 33（0）1 49 17 90 00 — 网址：www.afnor.org

金属结构设计分委员会　BNCM CNCMIX

标准化委员会

主席：RAOUL　　　先生

秘书：BEGUIN　　　先生—CTICM

委员：(按姓氏、先生/女士、单位列出)

ANTROPIUS	先生	JDA Consultant
ARIBERT	先生	INSA, Consultant
BEGUIN	先生	CTICM
BITAR	先生	CTICM
BUI	先生	SETRA
CAUSSE	先生	VINCI Construction Grands Projects 7
CHABROLIN	先生	CTICM
CORTADE	先生	Consultant
DAVAINE	先生	SETRA
GAULIARD	先生	SCMF
GOURMELON	先生	IGPC
GRASMUCK	先生	ATEIM
GRIMAULT	先生	LORRAINE-CONDESSA
HOORPAH	先生	MOI
KRETZ	先生	SETRA
KRUPPA	先生	CTICM
LAMADON	先生	BUREAU VERITAS
MAITRE	先生	SOCOTEC
MARTIN D.	先生	SNCF
MATHIEU J.	先生	ARCELOR SECTIONS COMMERCIAL
MENIGAULT	先生	BN ACIER
MOUM	先生	ARCELOR CONSTRUCTION France
PERNIER	先生	DAEI—Sous-Direction du Bâtiment et des Travaux Publics
PERO	先生	SETRA-CTOA/DGO-BNSR
PESCATORE	先生	BNCM
RAOUL	先生	SETRA
SOKOL	先生	SOKOL Consultants
TAILLEFER	先生	CSTB

THONIER	先生	EGF BTP
TRINH	先生	CETEN/APAVE
ZHAO	先生	CTICM

编写小组

组长:D BITAR(CTICM)

成员:(按姓氏、先生/女士、单位列出)

DAVAINE	女士	SETRA
ANTROPIUS	先生	JDA Consultant
ARIBERT	先生	INSA,Consultant
IZABEL	先生	SNPPA
MAITRE	先生	SOCOTEC
MOUM	先生	ARCELOR CONSTRUCTION France
SOKOL	先生	SOKOL Consultants
LEGEAY	先生	BARBOT CM
BEGUIN	先生	CTICM
GRIMAULT	先生	LORRAINE-CONDESSA
RAOUL	先生	SETRA

目　次

前言

（1）本国家附件规定了 NF EN 1994-1-1:2005 在法国的适用条件。NF EN 1994-1-1:2005 引用了欧洲标准化委员会于 2004 年 5 月 27 日批准、2004 年 12 月 11 日实施的 EN 1994-1-1:2004 及其附录 A、B 和 C。

（2）本国家附件由金属结构设计分委员会（BNCM　CNCMIX）编制。

（3）本国家附件：

—针对 EN 1994-1-1:2004 的下列条款提供国家定义参数（NDP），并允许各国自行选择参数信息：

　　—2.4.1.1（1）

　　—2.4.1.2（5）

　　—2.4.1.2（6）

　　—2.4.1.2（7）

　　—3.1（4）

　　—3.5（2）

　　—6.6.3.1（1）

　　—6.6.3.1（3）

　　—6.6.4.1（3）

　　—6.8.2（1）

　　—6.8.2（2）

　　—9.1.1（2）

　　—9.6（2）

　　—9.7.3（4）

　　—9.7.3（8）

　　—9.7.3（9）

　　—B.2.5（1）

　　—B.3.6（5）

—为 EN 1994-1-1:2004 的下列条款的应用提供信息和规定：

　　—6.4.3（1）（h）

　　—6.6.3.1（3）

　　—6.6.4.1（3）

—确定了适用于建（构）筑物的资料性附录 A、B 和 C 的使用条件；

—提供非矛盾性补充信息，以便于 NF EN 1994-1-1：2005 的应用。

（4）引用的条款是 EN 1994-1-1：2004 的条款。

（5）本国家附件应配合 NF EN 1994-1-1：2005，并结合 EN 1990～EN 1998 系列 Eurocodes，用于新建建（构）筑物的设计。如有必要，在全部 Eurocodes 国家附件出版之前，应针对具体项目对国家定义参数进行定义。

（6）如果 NF EN 1994-1-1：2005 适用于公共或私人合同，则本国家附件亦适用。

（7）本国家附件中所考虑的项目使用年限，请参照 NF EN 1990 及其国家附件给出的定义。该使用年限在任何情况下不能与法律和条例所界定的关于责任和质保的期限相混淆。

（8）为明确起见，本国家附件给出了国家定义参数的范围。本国家附件的其余部分是对欧洲标准在法国的应用进行的非矛盾性补充。

国家附件

（规范性）

AN.1 欧洲标准条款在法国的应用

注：条款编号与 EN 1994-1-1:2004 编号一致。

条款 2.4.1.1(1)

采用推荐值。

条款 2.4.1.2(5)

采用推荐值。

条款 2.4.1.2(6)

采用推荐值。

条款 2.4.1.2(7)

采用推荐值。

条款 3.1(4)

对于总高度 h 小于或等于 20cm 的板，采用附录 C 中给出的推荐值，其他情况下采用根据 NF EN 1992-1-1 确定的值。

<u>条款 3.5(2)</u>

采用推荐值。

<u>条款 6.4.3(1)(h)</u>

对于其他类型的截面,特别是具有不对称开口截面的焊接复合型材,按照 6.4.2进行翘曲验证。

仅在确保几何特征等效的情况下,在焊接复合型材上的应用简化方法,并且在表6.1所示的高度限值范围内有效。

<u>条款 6.6.3.1(1)</u>

采用推荐值。

<u>条款 6.6.3.1(3)</u>

承载力计算根据 NF EN 1994-2 的附录 C 确定。

<u>条款 6.6.4.1(3)</u>

为了使加强肋板正确固定到梁上:

—梁上加强肋板每延米的紧固件数量不得少于3个。

—通常在传力杆端部下方 30~40mm 敷设单层钢筋,确保板的锚固高度 h 小于或等于 16cm。

—需要验算纵向抗剪强度和传力杆周围混凝土的剪力,同时需考虑配筋的存在。

<u>条款 6.8.2(1)</u>

采用推荐值。

条款 6.8.2(2)

使用的数值在 AN 1"欧洲标准条款在法国的应用"中给出,即在 NF EN 1993-1-9/NA 的国家附件条款 3(7)中给出。

条款 9.1.1(2)

采用 0.65。

条款 9.6(2)

采用推荐值,挠度可以在跨中计算。

条款 9.7.3(4)

采用推荐值。

条款 9.7.3(8)

采用推荐值。

条款 9.7.3(9)

采用推荐值。

条款 B.2.5(1)

采用推荐值。

条款 B.3.6(5)

采用推荐值。

AN.2 资料性附录在法国的应用

附录A 房屋建筑工程中安装构件的刚度

附录A仍起资料性作用。

附录B 标准化试验

附录B仍起资料性作用。

附录C 钢与混凝土组合结构建筑的混凝土收缩

附录C仍起资料性作用。

AN.3 提供非矛盾性补充信息以便于 NF EN 1994-1-1 的应用

条款7.3.2

对于组合板的基本频率,根据建筑的用途确定其限值,并符合 EN 1990、EN 1991 和 EN 1993-1-1 的规定。在 NF EN 1993-1-1/NA(EN 1993-1-1 的国家附件)中提供了有关这些限值和在计算自身频率时需考虑的整体指导建议。

对于组合板的振动特性的研究,宜使用无裂缝的混合断面特征。

永久荷载(自重 + 附加永久荷载)以及运营荷载被认为通过瞬时等效系数 E_a/E_{cm} 作用于均质组合截面构件上。

组合板自身缓冲能力相对较弱,且其能力取决于非结构部件(例如能够产生摩擦力的隔板)的能量耗散情况。

对于尺寸计算,可采用以下阻尼比值:

对于无家具的裸露组合板, $\xi = 1.5\%$;

对于带家具的景观办公室的普通钢-混凝土板, $\xi = 3.0\%$;

对于带有隔墙的组合板,且当这些隔墙的位置使其有效减小与振动模式相关的变形时, $\xi = 4.5\%$ 。

其他补充信息在 CTICM 出版的《钢结构》杂志(2001 年第 1 期和 2003 年第 1 期)

中给出。

条款 9.7.3

对于需要进行结构防火计算的钢筋,其长度至少等于 L_s 锚固长度,可根据下式验算纵向抗剪强度:

$$V_{Ed} \frac{A_{pe} f_{yp,d} z}{A_{pe} f_{yp,d} z + A_r f_{sd} z_a} \leqslant V_{1,Rd}$$

式中:A_r——加强钢筋断面面积;

z_a——补充钢筋的重心到板的受压区域的重心间的距离,与图 9.5 和图 9.6 中力 $N_{c,f}$ 的位置一致;

其他术语在 NF EN 1994-1-1 中定义。

条款 9.7.5

用于验算的受剪横截面面积等于 $b_0 h$ 和 $b_s h_c$ 中的较大值。

考虑到无腹板的加强肋板的有效截面,在 NF EN 1992-1-1 的 6.2.2 中 ρ_1 的计算中,允许采用加强肋板的作用。

允许根据 NF EN 1993-1-3 考虑肋板的腹板对剪切强度的作用。

条款 9.8.2(6)

当使用 m-k 方法时,一种确保无滑移的方法需满足以下条件:

$$V_{E,ser} \leqslant V_g / \gamma_{g,ser}$$

$$V_g = b z_{el} \left(\frac{m_g A_p}{b L_s} + k_g \right)$$

式中:$V_{E,ser}$——在正常使用极限状态下,适用于在无力矩点上混合截面的剪力计算;

V_g——滑动阈值;

$\gamma_{g,ser}$——与滑动相关的分项系数,取 1.0;

z_{el}——计算悬臂,$z_{el} = I_{el}/S_{el}$;

I_{el}——通过忽略受拉部分的混凝土计算得到的弹性中性轴周围组合板的混合截面惯性矩;根据 5.4.2.2(11),允许使用等于 $2n_0$ 的钢-混凝土等效系数平均值;

S_{el}——钢-混凝土截面中性轴型材的静态弯矩;

m_g、k_g——以 N/mm² 计,按以下确定:m_g 和 k_g 值的确定原理与用于确定 m 和 k 的原理相同(附录 B 的 B.3.5),但是纵坐标使用 $V_{g,test}/bz_{el}$(而非 V_t/bd_p);其他标注在 9.7.3(4)中给出。

对于各包含 3 个试验的每组试验,代表性试验剪力 $V_{g,test}$ 等于初始滑移荷载值 $W_{g,test}$ 的 0.5 倍,包括由板和分配梁的自重施加在板上的荷载。

附录 B:补充信息

这些补充信息旨在阐明或完善组合板的试验规定和方法。

B.3.2 试验规定

(6)补充:

对于 A 组试件,剪切范围宜至少为 B 组的 2 倍。对于 B 组试件,剪切范围宜至少等于 450mm。

(8)当对循环加载不作要求且仅进行静力加载时,板涂油时宜使用不溶于水的油。

B.3.3 试件准备工作

(3)补充:

与施加荷载垂直的引裂条的布置可向板内侧偏移距每个荷载轴最大 50mm。

B.3.4 加载程序

(3)补充:

荷载下限等于 $G + 0.2(W_t - G)$,其中 G 是板的自重和放置在板上的测试装置的自重之和。循环测试应先进行静力加载,直到荷载达到 $G + 0.6(W_t - G)$,以便能够建立滑移曲线。循环在这两个荷载值之间进行。

(7)对于带有涂油板的静力加载程序,当第一次端部滑动达到或超过 0.1mm 时,所施加的荷载归零。